예비 초등

구구단

1

예비 초등 ┊ 구구단

 구구단 FAQ

Q: 구구단은 언제 시작하면 좋을까요?

초등에서 곱셈이 처음 나오는 것은 2학년 1학기 마지막 단원입니다. 이 단원에서는 곱셈의 원리를 배우고, 2학년 2학기에 본격적으로 곱셈구구를 배웁니다. 그래서 2학년이 되어서 구구단을 외우면 된다고 생각하는 분도 있지만, 이때 한 번에 하려면 힘이 드는 것이 사실입니다. 아이가 빨리 외워야 한다는 부담감을 가지고 외우게 하는 것보다는 좀 더 어린 나이부터 시간이 날 때마다 천천히 익혀 두는 것이 좋습니다. 따라서 구구단을 시작하는 것은 빠를수록 좋다고 생각합니다.

Q: 구구단을 공부하려면 어떤 것을 알고 있어야 할까요?

구구단에 나오는 가장 큰 수가 81이므로 100까지의 수는 알고 있어야 합니다. 그렇다고 100까지의 수의 원리에 대해 초등 수준으로 자세하게 알 필요는 없습니다. 수를 읽고 세는 정도만 할 수 있어도 구구단을 할 수 있습니다.
한 자리 수의 덧셈 정도는 할 수 있어야 합니다. 곱셈은 여러 번 더하는 것과 같기 때문에 이러한 곱셈의 기본 개념을 모르고 외우면 무작정 외우는 것과 다르지 않습니다. 덧셈을 이용하여 곱 사이의 연계성을 생각하면 좀 더 효율적으로 곱셈구구를 학습할 수 있습니다.

Q: 구구단 외우지 않아도 된다는 말도 있는데…

구구단을 외우지 말라고 하는 주장은 정확하게는 구구단을 외우지 말라는 것이 아니라 아무 생각 없이 외우게 하느라 아이에게 스트레스를 주는 것이 좋지 않다는 의미입니다. 우리는 2부터 9까지의 수를 서로 더하는 덧셈구구를 외우지 않았지만 물어보면 바로 답이 나옵니다. 영어 단어는 외우지만, 한글 단어는 따로 외우지 않습니다. 덧셈이나 한글은 워낙 자주 사용하다 보니 저절로 익혀지기 때문입니다. 즉, 구구단도 이처럼 외우는 것이 아니라 익히는 것을 목표로 해야 합니다.

구구단을 외우는 가장 바람직한 방법은 식을 모두 외우는 것보다 구구단의 값을 익히는 것입니다. 구구단의 값은 모두 81개이지만 정작 배우고 익혀야 할 것은 생각보다 많지 않습니다.

곱셈표를 보면 1의 단은 외울 필요가 없고, 주황색으로 표시된 2의 단과 5의 단은 쉽게 익힐 수 있습니다. 또 노란색으로 표시한 곱은 바꾸어 곱하기를 이용하여 외울 수 있습니다. 그렇다면 남은 20개 남짓의 곱셈구구의 값만 새롭게 배우고 익히면 됩니다. 이러한 곱셈의 원리를 생각하면서 학습하면 나중에 곱셈의 응용문제도 좀 더 쉽게 해결할 수 있습니다.

×	1	2	3	4	5	6	7	8	9
1	1	2	3	4	5	6	7	8	9
2	2	4	6	8	10	12	14	16	18
3	3	6	9	12	15	18	21	24	27
4	4	8	12	16	20	24	28	32	36
5	5	10	15	20	25	30	35	40	45
6	6	12	18	24	30	36	42	48	54
7	7	14	21	28	35	42	49	56	63
8	8	16	24	32	40	48	56	64	72
9	9	18	27	36	45	54	63	72	81

Q: 19의 단까지 외우면 좋다는데 19의 단까지 외워야 할까요?

11의 단부터 19의 단은 익힐 수 있는 것이 아니라 외워야 합니다. 물론 아이들이 열심히 외우면 19의 단까지 다 외울 수 있고, 이렇게 외운 것이 곱셈 속도 향상에 도움이 되는 것은 분명합니다. 그러나 19의 단까지의 곱셈은 한 자리 수의 곱셈보다 외우는 데 훨씬 더 많은 수고가 필요하고, 이러한 수고가 필요한 만큼 19까지의 수의 곱셈이 자주 사용되지 않습니다. 어느 정도 형태를 익히는 것이 가능하고 자주 사용되는 11의 단이나 15의 단은 쓸모가 있겠지만 나머지는 외우는 노력에 비해 쓸 일은 별로 없어 보입니다.

Q: 노래로 구구단을 외우는 것이 가장 좋은 방법일까요?

엄마, 아빠들이 예전에 구구단 송으로 구구단을 외웠던 것처럼 요즘 아이들도 여러 가지 버전의 구구단 노래로 구구단을 익힙니다. 노래로 식을 외우는 것은 수학을 어려워하는 아이들도 부담 없이 쉽게 외울 수 있다는 점에서 분명 의미가 있습니다. 하지만 "이일은 이, 이이사, 이삼육,"과 같이 구구단을 순서대로 외운 친구들은 '7 곱하기 6은?'이라는 질문에 "칠일은 칠, 칠이십사,"와 같이 노래를 순서대로 외워야 답을 알 수 있기 때문에 바로 답이 나오지 않습니다. 따라서 구구단 노래만으로는 구구단을 잘 외웠다고 하기 어렵고, 반드시 학습을 통해 자연스럽게 익혀야 합니다.

Q: 구구단, 왜 중요할까요?

'23 × 34'라는 계산을 해보면 결국 곱셈구구과 덧셈구구를 여러 번 하게 됩니다. 이처럼 초등 2학년 이후의 모든 연산은 곱셈구구와 덧셈구구를 기본으로 합니다. 수학에는 여러 영역이 있지만 결국 연산이 가장 중요한 기본이자 토대입니다. 그런데 구구단을 잘 못 한다면 이러한 연산의 토대가 무너지게 됩니다. 3학년부터 배우는 나눗셈은 물론, 더 복잡한 자연수의 사칙연산, 더 나아가 분수의 계산이나 약수와 배수와 같은 고학년-중등 수학까지 어려워지게 되므로 구구단을 어린 나이부터 탄탄하게 다지면서 익혀야 합니다.

Q: 구구단을 외울 때 교구가 필요할까요?

구구단을 익히는 데 있어 교구가 반드시 있어야 하는 것은 아닙니다. 다만 구구단을 초등 2학년보다 좀 더 어린 나이부터 천천히 익히는 것이 좋은 만큼 어린 나이에 맞는 교구 활동은 그 효과가 매우 크다는 것을 알아야 합니다.

교구의 목적은 학습을 보조하는 데 있지만, 또 하나의 중요한 역할이 있습니다. 아이들이 적절한 교구 활동을 통해 학습을 학습이 아닌 놀이로 인식하게 하여 스스로 즐겁게 학습을 하게 하는 목적이 있는 것입니다. 구구단을 구구단 노래나 학습을 통해 익혀가는 과정에서 교구 활동으로 구구단이 아이들의 입에 좀 더 끈끈하게 달라붙게 할 수 있다면 더할 나위 없이 좋은 학습이 될 거라 믿습니다.

이 책의 1권
차례

1주차 1, 2의 단 곱셈구구

20까지의 수

🐷 세어 보고 ☐ 안에 알맞은 수를 쓰세요.

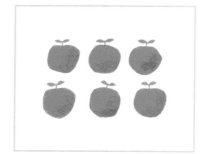

6

☐

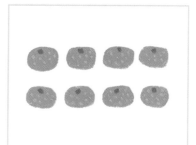

☐

☐

☐

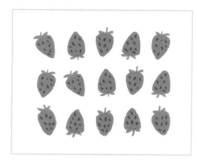

☐

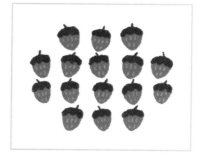

☐

☐

☐

🐷 20까지의 수를 바르게 읽은 것을 찾아 선으로 이으세요.

2   사

3   구

4   이

6   삼

8 ——— 팔

9   육

15   십이

10   십육

12   십사

18   십팔

14   십오

16   십

2씩 뛰어 세기

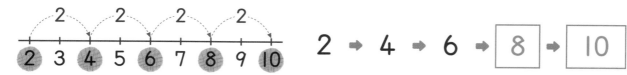 2씩 뛰어 세었습니다. ☐ 안에 알맞은 수를 쓰세요.

```
  2   2   2   2
2 3 4 5 6 7 8 9 10
```
2 → 4 → 6 → 8 → 10

```
  2   2   2   2
6 7 8 9 10 11 12 13 14
```
6 → 8 → 10 → ☐ → ☐

```
  2   2   2   2
10 11 12 13 14 15 16 17 18
```
10 → 12 → 14 → ☐ → ☐

```
  2   2   2   2
4 5 6 7 8 9 10 11 12
```
4 → 6 → 8 → ☐ → ☐

```
  2   2   2   2
8 9 10 11 12 13 14 15 16
```
8 → 10 → 12 → ☐ → ☐

 2씩 뛰어 세어 차례로 선을 이으세요.

2씩 묶어 세기

🐷 2씩 묶어 세어 보세요.

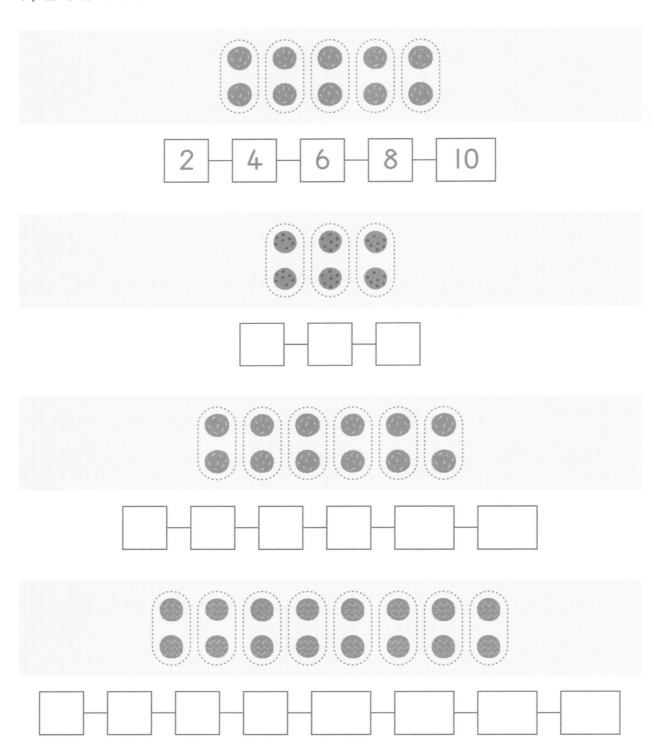

🐷 **2씩 묶어 세었습니다. 몇 묶음, 몇 개입니까?**

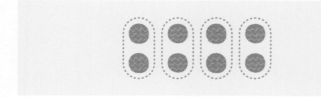

2씩 ⏍4⏎ 묶음, 모두 ⏍8⏎ 개

2씩 ☐ 묶음, 모두 ☐ 개

2씩 ☐ 묶음, 모두 ☐ 개

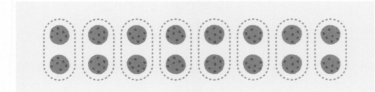

2씩 ☐ 묶음, 모두 ☐ 개

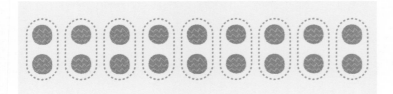

2씩 ☐ 묶음, 모두 ☐ 개

덧셈식과 곱셈식

 그림을 보고, 덧셈과 곱셈을 하세요.

> 2를 4번 더하는 것을
> 2 × 4 (2 곱하기 4)로 약속해.

덧셈식 $2+2+2+2=\boxed{8}$ **곱셈식** $2\times4=\boxed{8}$

덧셈식 $2+2+2=\boxed{}$ **곱셈식** $2\times3=\boxed{}$

덧셈식 $2+2+2+2+2+2=\boxed{}$ **곱셈식** $2\times6=\boxed{}$

덧셈식을 곱셈식으로 나타낸 것입니다. ☐ 안에 알맞은 수를 쓰세요.

$2+2+2+2+2=$ ☐

$2 \times 5 =$ ☐

$2+2+2+2=$ ☐

$2 \times 4 =$ ☐

$2+2+2+2+2+2+2=$ ☐

$2 \times 7 =$ ☐

$2+2+2=$ ☐

$2 \times 3 =$ ☐

$2+2+2+2+2+2+2+2+2=$ ☐

$2 \times 9 =$ ☐

$2+2+2+2+2+2+2+2=$ ☐

$2 \times 8 =$ ☐

1의 단 곱셈구구

🐷 1의 단 곱셈구구를 알아봅시다.

×	1	2	3	4	5	6	7	8	9
1	1	2	3	4	5	6	7	8	9
2	2	4	6	8	10	12	14	16	18
3	3	6	9	12	15	18	21	24	27
4	4	8	12	16	20	24	28	32	36
5	5	10	15	20	25	30	35	40	45
6	6	12	18	24	30	36	42	48	54
7	7	14	21	28	35	42	49	56	63
8	8	16	24	32	40	48	56	64	72
9	9	18	27	36	45	54	63	72	81

옆의 표를 곱셈표라고 해.

초록색으로 색칠된 부분을 배울 거야.

1에 어떤 수를 곱하면 항상 어떤 수 그 자신이 돼. 어떤 수에 1을 곱해도 항상 어떤 수 그 자신이 돼. 1의 단 곱셈구구는 너무 쉽지.

$1 \times 1 = \boxed{1}$

$1 \times 2 = \boxed{}$

$1 \times 3 = \boxed{}$

$1 \times 4 = \boxed{}$

$1 \times 5 = \boxed{}$

$1 \times 6 = \boxed{}$

$1 \times 7 = \boxed{}$

$1 \times 8 = \boxed{}$

$1 \times 9 = \boxed{}$

🐷 곱셈을 하세요.

$1 \times 3 = \boxed{3}$　　　　$1 \times 9 = \boxed{}$　　　　$5 \times 1 = \boxed{}$

$1 \times 7 = \boxed{}$　　　　$2 \times 1 = \boxed{}$　　　　$6 \times 1 = \boxed{}$

$1 \times 4 = \boxed{}$　　　　$1 \times 6 = \boxed{}$　　　　$8 \times 1 = \boxed{}$

×	2	3	4
1	2		

(1×2)

×	7	8	9
1			

×	1
4	4
5	

(4×1)

×	1
6	
7	

×	1
8	
9	

2의 단 곱셈구구

🐷 2의 단 곱셈구구를 알아봅시다.

×	1	2	3	4	5	6	7	8	9
1	1	2	3	4	5	6	7	8	9
2	2	4	6	8	10	12	14	16	18
3	3	6	9	12	15	18	21	24	27
4	4	8	12	16	20	24	28	32	36
5	5	10	15	20	25	30	35	40	45
6	6	12	18	24	30	36	42	48	54
7	7	14	21	28	35	42	49	56	63
8	8	16	24	32	40	48	56	64	72
9	9	18	27	36	45	54	63	72	81

초록색으로 색칠된 부분이 2의 단 곱셈구구야.

2의 단 곱셈구구는 2씩 뛰어 센 것과 같아.

$2 \times 1 = \boxed{2}$ 이일은이

$2 \times 2 = \boxed{}$ 이이사

$2 \times 3 = \boxed{}$ 이삼육

$2 \times 4 = \boxed{}$ 이사팔

$2 \times 5 = \boxed{}$ 이오십

$2 \times 6 = \boxed{}$ 이육십이

$2 \times 7 = \boxed{}$ 이칠십사

$2 \times 8 = \boxed{}$ 이팔십육

$2 \times 9 = \boxed{}$ 이구십팔

2의 단 곱셈을 하세요.

$2 \times 1 = \boxed{}$ $2 \times 4 = \boxed{}$ $2 \times 7 = \boxed{}$

$2 \times 2 = \boxed{}$ $2 \times 5 = \boxed{}$ $2 \times 8 = \boxed{}$

$2 \times 3 = \boxed{}$ $2 \times 6 = \boxed{}$ $2 \times 9 = \boxed{}$

×	1	2	3
2			

×	3	4	5
2			

×	5	6	7
2			

×	7	8	9
2			

확인학습

1 세어 보고 ☐ 안에 알맞은 수를 쓰세요.

  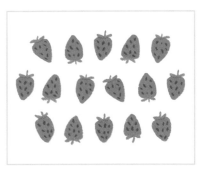

☐ ☐ ☐

2 그림을 보고 덧셈과 곱셈을 하세요.

덧셈식 $2+2+2+2+2=$ ☐   곱셈식 $2 \times 5 =$ ☐

3 곱셈을 하세요.

$1 \times 7 =$ ☐ $2 \times 1 =$ ☐ $2 \times 9 =$ ☐

2주차 3의 단 곱셈구구

2의 단 곱셈구구 연습

🐭 2의 단 곱셈구구의 값을 따라 미로를 통과하세요.

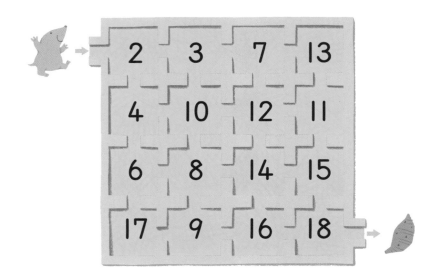

🐭 2의 단 곱셈구구의 값을 따라 지나는 길을 선으로 나타내세요.

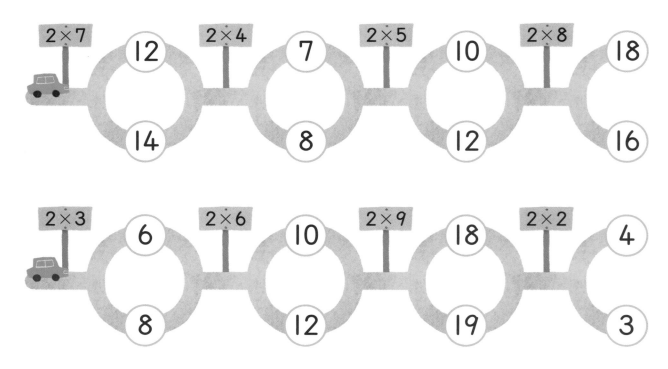

🐷 곱셈을 하여 알맞게 선을 이으세요.

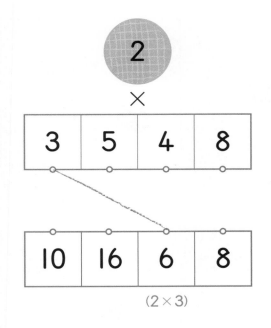

(2×3)

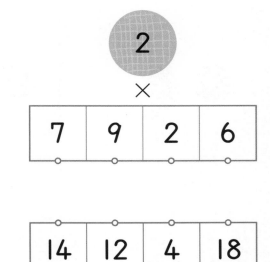

🐷 곱셈을 하세요.

$2 \times 4 = \boxed{}$ $2 \times 5 = \boxed{}$ $2 \times 9 = \boxed{}$

$$\begin{array}{r} 2 \\ \times\ 8 \\ \hline \end{array}$$ $$\begin{array}{r} 2 \\ \times\ 3 \\ \hline \end{array}$$ $$\begin{array}{r} 2 \\ \times\ 6 \\ \hline \end{array}$$

30까지의 수

🐛 얼마인지 ☐ 안에 쓰세요.

☐ 15 원

☐ 원

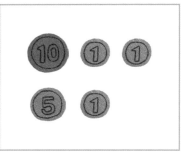

☐ 원

☐ 원

☐ 원

☐ 원

☐ 원

☐ 원

☐ 원

🐷 30까지의 수를 바르게 읽은 것을 찾아 선으로 이으세요.

6   십오

12   육

15   십이

11   십일

17   십팔

18   십칠

23   이십사

24   이십삼

27   이십칠

16   이십일

21   이십구

29   십육

3씩 뛰어 세기

🐷 3씩 뛰어 세어 ☐ 안에 알맞은 수를 쓰세요.

1	2	3	4	5	6	7	8	9	10
11	12	13	14	15	16	17	18	19	20
21	22	23	24	25	26	27	28	29	30

3 — 6 — 9 — 12

9 — 12 — 15 — ☐

15 — 18 — 21 — ☐

18 — 21 — 24 — ☐

9 — ☐ — 15 — 18

15 — ☐ — 21 — 24

12 — ☐ — 18 — 21

6 — ☐ — 12 — 15

3씩 뛰어 세어 차례로 선을 이으세요.

3 더하기

○를 3개 더 그리고 총 개수를 쓰세요.

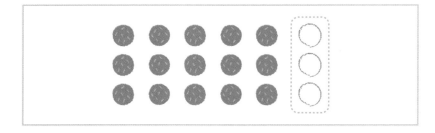

| 15 | $\xrightarrow{+3}$ | 18 |

| 12 | $\xrightarrow{+3}$ | |

| 9 | $\xrightarrow{+3}$ | |

| 18 | $\xrightarrow{+3}$ | |

| 24 | $\xrightarrow{+3}$ | |

3을 더하세요.

$3+3=\boxed{6}$ $12+3=\boxed{}$ $21+3=\boxed{}$

$6+3=\boxed{}$ $15+3=\boxed{}$ $24+3=\boxed{}$

$9+3=\boxed{}$ $18+3=\boxed{}$

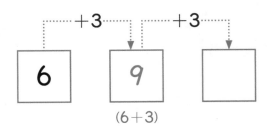

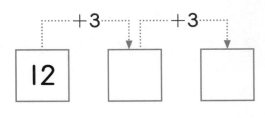

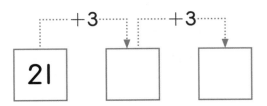

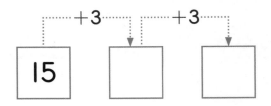

3의 단 곱셈구구

🐷 3의 단 곱셈구구를 알아봅시다.

×	1	2	3	4	5	6	7	8	9
1	1	2	3	4	5	6	7	8	9
2	2	4	6	8	10	12	14	16	18
3	3	6	9	12	15	18	21	24	27
4	4	8	12	16	20	24	28	32	36
5	5	10	15	20	25	30	35	40	45
6	6	12	18	24	30	36	42	48	54
7	7	14	21	28	35	42	49	56	63
8	8	16	24	32	40	48	56	64	72
9	9	18	27	36	45	54	63	72	81

초록색으로 색칠된 부분이
3의 단 곱셈구구야.

3의 단 곱셈구구는
3씩 뛰어 센 것과 같아.

$3 \times 1 = \boxed{3}$ 삼일은삼

$3 \times 2 = \boxed{}$ 삼이육

$3 \times 3 = \boxed{}$ 삼삼구

$3 \times 4 = \boxed{}$ 삼사십이

$3 \times 5 = \boxed{}$ 삼오십오

$3 \times 6 = \boxed{}$ 삼육십팔

$3 \times 7 = \boxed{}$ 삼칠이십일

$3 \times 8 = \boxed{}$ 삼팔이십사

$3 \times 9 = \boxed{}$ 삼구이십칠

🐷 3의 단 곱셈을 하세요.

$3 \times 1 = \boxed{}$　　$3 \times 4 = \boxed{}$　　$3 \times 7 = \boxed{}$

$3 \times 2 = \boxed{}$　　$3 \times 5 = \boxed{}$　　$3 \times 8 = \boxed{}$

$3 \times 3 = \boxed{}$　　$3 \times 6 = \boxed{}$　　$3 \times 9 = \boxed{}$

×	1	2	3
3			

×	3	4	5
3			

×	5	6	7
3			

×	7	8	9
3			

3의 단 곱셈구구 연습

3의 단의 값이 아닌 것을 모두 찾아 ✕표 하세요.

| 6 | ✕ (8) | ✕ (10) | 12 | 15 | 18 |

| 3 | 5 | 9 | 13 | 21 | 24 |

| 15 | 27 | 21 | 23 | 16 | 12 |

3의 단 곱셈구구의 값을 따라 미로를 통과하세요.

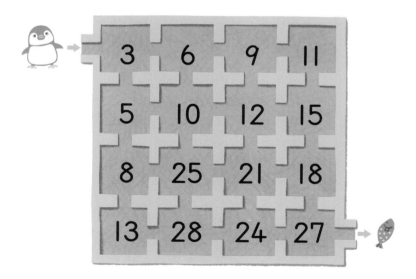

🐷 곱셈을 하여 알맞게 선으로 이으세요.

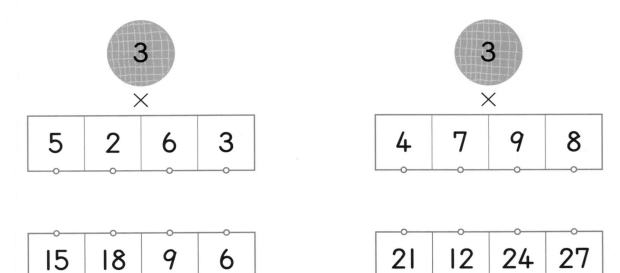

🐷 곱셈을 하세요.

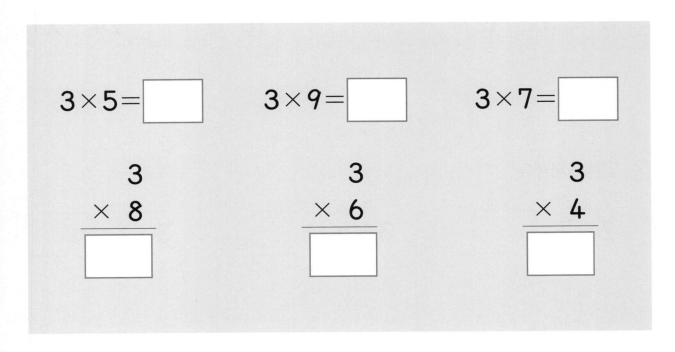

$3 \times 5 =$ ☐　　$3 \times 9 =$ ☐　　$3 \times 7 =$ ☐

$$\begin{array}{r} 3 \\ \times\ 8 \\ \hline \end{array}$$
☐

$$\begin{array}{r} 3 \\ \times\ 6 \\ \hline \end{array}$$
☐

$$\begin{array}{r} 3 \\ \times\ 4 \\ \hline \end{array}$$
☐

1 얼마인지 ☐ 안에 쓰세요.

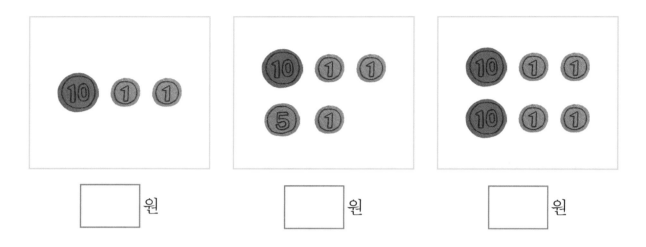

| ☐ 원 | ☐ 원 | ☐ 원 |

2 3씩 뛰어 세어 ☐ 안에 알맞은 수를 쓰세요.

6 — 9 — 12 — ☐   18 — ☐ — 24 — 27

3 곱셈을 하세요.

$2 \times 7 =$ ☐ $3 \times 5 =$ ☐ $3 \times 8 =$ ☐

3주차 4의 단 곱셈구구

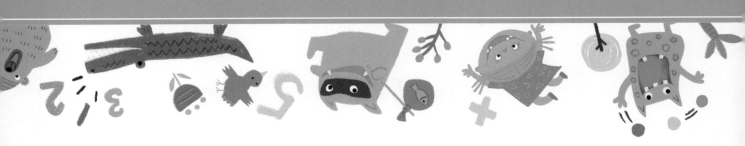

2, 3의 단 곱셈구구 연습

🐷 곱셈을 하여 알맞게 선을 이으세요.

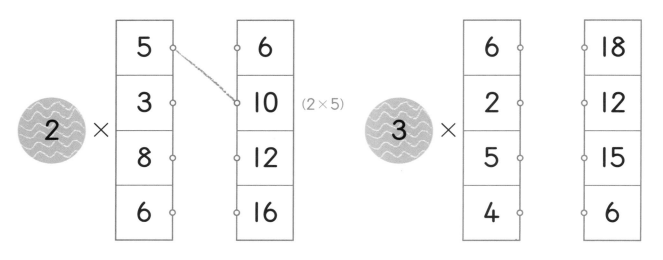

(2 × 5)

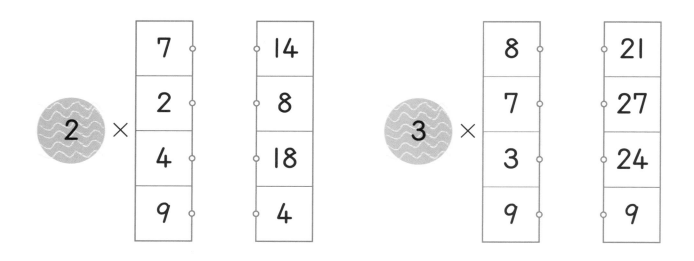

2와 3의 단 곱셈을 하세요.

$2 \times 3 =$ ☐ $2 \times 8 =$ ☐ $3 \times 6 =$ ☐

$2 \times 7 =$ ☐ $3 \times 3 =$ ☐ $3 \times 5 =$ ☐

$2 \times 6 =$ ☐ $3 \times 7 =$ ☐ $3 \times 9 =$ ☐

×	4	8	5
2			

×	3	7	4
3			

×	5	6	2
2			
3			

×	3	9	7
2			
3			

50까지의 수

🐷 얼마인지 ☐ 안에 쓰세요.

☐ 원

☐ 원

☐ 원

☐ 원

☐ 원

☐ 원

☐ 원

☐ 원

☐ 원

50까지의 수를 바르게 읽은 것을 찾아 선으로 이으세요.

24	삼십이
36	이십사
32	삼십육

15	이십오
25	사십
40	십오

12	이십팔
16	십육
28	십이

45	사십오
35	삼십
30	삼십오

4씩 뛰어 세기

🐷 4씩 뛰어 세어 ☐ 안에 알맞은 수를 쓰세요.

1	2	3	4	5	6	7	8	9	10
11	12	13	14	15	16	17	18	19	20
21	22	23	24	25	26	27	28	29	30
31	32	33	34	35	36	37	38	39	40

4 — 8 — 12 — 16

12 — 16 — 20 — ☐

20 — 24 — 28 — ☐

24 — 28 — 32 — ☐

12 — 16 — ☐ — 24

20 — 24 — ☐ — 32

16 — 20 — ☐ — 28

8 — 12 — ☐ — 20

4씩 뛰어 세어 차례로 선을 이으세요.

4 더하기

🐑 ◯를 **4**개 더 그리고 총 개수를 쓰세요.

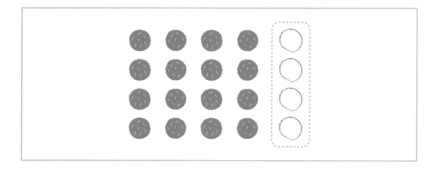

16 $\xrightarrow{+4}$ ☐

12 $\xrightarrow{+4}$ ☐

24 $\xrightarrow{+4}$ ☐

32 $\xrightarrow{+4}$ ☐

4를 더하세요.

4+4= ☐   16+4= ☐   28+4= ☐

8+4= ☐   20+4= ☐   32+4= ☐

12+4= ☐   24+4= ☐

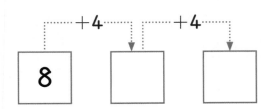

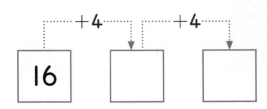

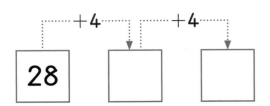

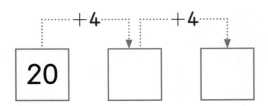

4의 단 곱셈구구

🐷 4의 단 곱셈구구를 알아봅시다.

×	1	2	3	4	5	6	7	8	9
1	1	2	3	4	5	6	7	8	9
2	2	4	6	8	10	12	14	16	18
3	3	6	9	12	15	18	21	24	27
4	4	8	12	16	20	24	28	32	36
5	5	10	15	20	25	30	35	40	45
6	6	12	18	24	30	36	42	48	54
7	7	14	21	28	35	42	49	56	63
8	8	16	24	32	40	48	56	64	72
9	9	18	27	36	45	54	63	72	81

4의 단 곱셈구구는
4씩 뛰어 센 것과 같아.

2의 단 곱셈구구의 값과
겹치는 게 많아.

$4 \times 1 = \boxed{}$ 사일은사

$4 \times 4 = \boxed{}$ 사사십육

$4 \times 7 = \boxed{}$ 사칠이십팔

$4 \times 2 = \boxed{}$ 사이팔

$4 \times 5 = \boxed{}$ 사오이십

$4 \times 8 = \boxed{}$ 사팔삼십이

$4 \times 3 = \boxed{}$ 사삼십이

$4 \times 6 = \boxed{}$ 사육이십사

$4 \times 9 = \boxed{}$ 사구삼십육

🐷 4의 단 곱셈을 하세요.

$4 \times 1 = \boxed{}$ $4 \times 4 = \boxed{}$ $4 \times 7 = \boxed{}$

$4 \times 2 = \boxed{}$ $4 \times 5 = \boxed{}$ $4 \times 8 = \boxed{}$

$4 \times 3 = \boxed{}$ $4 \times 6 = \boxed{}$ $4 \times 9 = \boxed{}$

×	1	2	3
4			

×	3	4	5
4			

×	5	6	7
4			

×	7	8	9
4			

4의 단 곱셈구구 연습

4의 단 곱셈구구의 값이 아닌 것을 모두 찾아 ✕표 하세요.

4	6	12	16	18	24

3	32	28	13	20	8

36	24	21	12	16	15

4의 단 곱셈구구의 값을 따라 미로를 통과하세요.

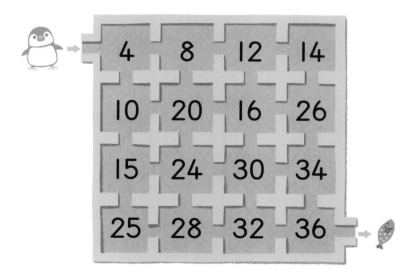

🐷 곱셈을 하여 알맞게 선을 이으세요.

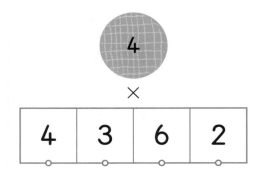

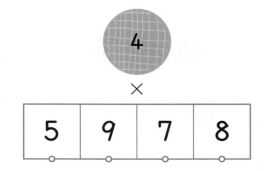

🐷 곱셈을 하세요.

$4 \times 8 =$ ☐ $4 \times 4 =$ ☐ $4 \times 9 =$ ☐

$$\begin{array}{r} 4 \\ \times\ 3 \\ \hline \end{array}$$
☐

$$\begin{array}{r} 4 \\ \times\ 5 \\ \hline \end{array}$$
☐

$$\begin{array}{r} 4 \\ \times\ 6 \\ \hline \end{array}$$
☐

확인학습

1 얼마인지 ☐ 안에 쓰세요

☐ 원

☐ 원

☐ 원

2 4의 단 곱셈구구의 값이 아닌 것을 모두 찾아 ✕표 하세요.

34	12	8	32	18	24

3 곱셈을 하세요.

$2 \times 9 =$ ☐

$3 \times 7 =$ ☐

$4 \times 7 =$ ☐

4주차 5의 단 곱셈구구

2, 4의 단 곱셈구구 연습

🐛 곱셈을 하여 빈칸에 알맞은 수를 쓰세요.

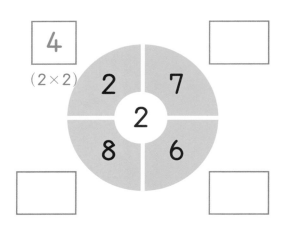

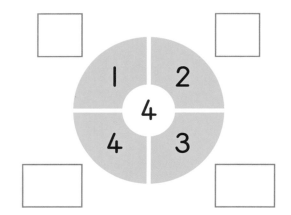

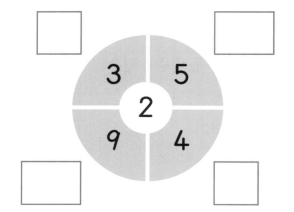

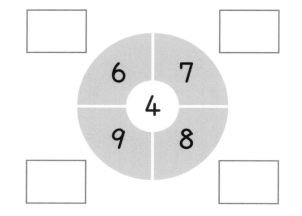

🐷 곱셈을 하세요.

$2 \times 2 =$ ☐

$4 \times 1 =$ ☐

$2 \times 6 =$ ☐

$4 \times 3 =$ ☐

$2 \times 4 =$ ☐

$4 \times 2 =$ ☐

$2 \times 8 =$ ☐

$4 \times 4 =$ ☐

🐷 곱셈구구의 값을 따라 지나는 길을 선으로 나타내세요.

2×5 10 4×5 25 2×6 12 4×6 28
             12   20   14   24

2×7 16 4×7 14 2×8 16 4×8 32
             14   28   18   34

3, 4의 단 곱셈구구 연습

🐷 곱셈을 하여 알맞게 선을 이으세요.

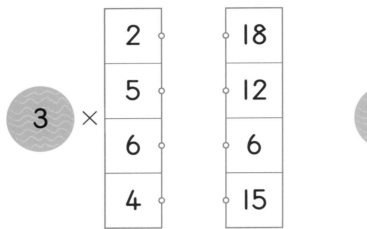

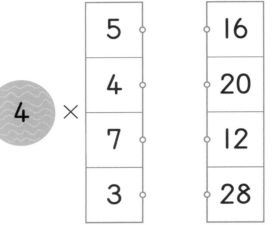

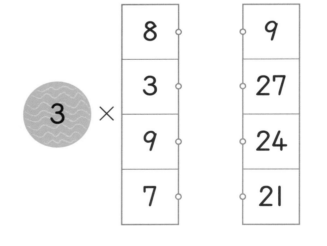

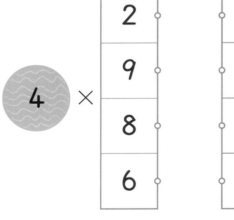

🐷 3과 4의 단 곱셈을 하세요.

$3 \times 5 =$ ☐ $3 \times 4 =$ ☐ $4 \times 4 =$ ☐

$3 \times 8 =$ ☐ $4 \times 7 =$ ☐ $4 \times 9 =$ ☐

$3 \times 7 =$ ☐ $4 \times 5 =$ ☐ $4 \times 6 =$ ☐

×	2	3	6
3			

×	3	5	8
4			

×	4	7	8
3			
4			

×	2	6	9
3			
4			

2~4의 단 곱셈구구 연습

🐷 각 단에 나오는 값을 모두 찾아 ◯표 하세요.

2의 단

1	②	3	4	5	6	7	8	9
10	11	12	13	14	15	16	17	18

3의 단

1	2	3	4	5	6	7	8	9
10	11	12	13	14	15	16	17	18
19	20	21	22	23	24	25	26	27

4의 단

1	2	3	4	5	6	7	8	9
10	11	12	13	14	15	16	17	18
19	20	21	22	23	24	25	26	27
28	29	30	31	32	33	34	35	36

2, 3, 4의 단 곱셈을 하세요.

$2 \times 7 =$ ⬜ $4 \times 5 =$ ⬜ $3 \times 8 =$ ⬜

$3 \times 6 =$ ⬜ $2 \times 9 =$ ⬜ $4 \times 9 =$ ⬜

곱셈을 하여 알맞게 선을 이으세요.

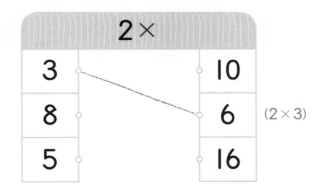

2×	
3	10
8	6 (2×3)
5	16

3×	
9	6
6	27
2	18

4×	
6	12
3	28
7	24

4×	
8	16
4	36
9	32

5씩 뛰어 세기

🐷 5씩 뛰어 세어 ☐ 안에 알맞은 수를 쓰세요.

1	2	3	4	5	6	7	8	9	10
11	12	13	14	15	16	17	18	19	20
21	22	23	24	25	26	27	28	29	30
31	32	33	34	35	36	37	38	39	40
41	42	43	44	45	46	47	48	49	50

5 — 10 — 15 — 20

15 — 20 — 25 — ☐

20 — 25 — 30 — ☐

30 — 35 — 40 — ☐

10 — 15 — ☐ — 25

25 — 30 — ☐ — 40

30 — 35 — ☐ — 45

5 — 10 — ☐ — 20

5씩 뛰어 세어 차례로 선을 이으세요.

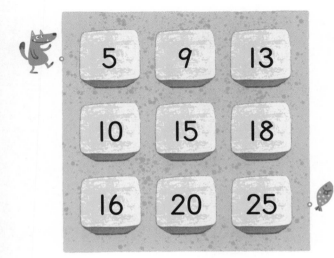

5 더하기

○를 5개 더 그리고 총 개수를 쓰세요.

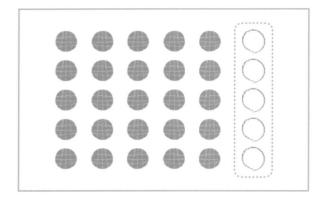

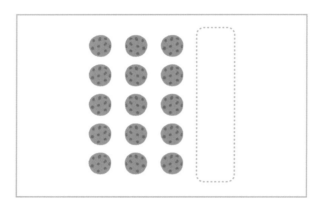

$$25 \xrightarrow{+5} \boxed{}$$

$$15 \xrightarrow{+5} \boxed{}$$

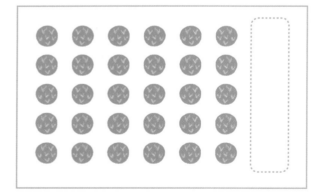

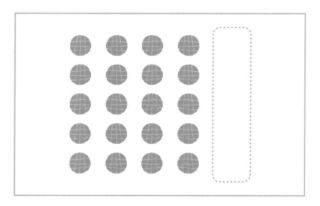

$$30 \xrightarrow{+5} \boxed{}$$

$$20 \xrightarrow{+5} \boxed{}$$

🐷 5를 더하세요.

5+5=☐   20+5=☐   35+5=☐

10+5=☐   25+5=☐   40+5=☐

15+5=☐   30+5=☐

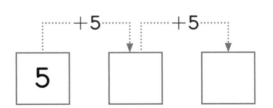

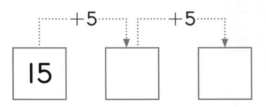

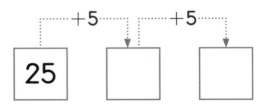

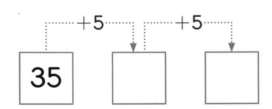

5의 단 곱셈구구

🐷 5의 단 곱셈구구를 알아봅시다.

×	1	2	3	4	5	6	7	8	9
1	1	2	3	4	5	6	7	8	9
2	2	4	6	8	10	12	14	16	18
3	3	6	9	12	15	18	21	24	27
4	4	8	12	16	20	24	28	32	36
5	5	10	15	20	25	30	35	40	45
6	6	12	18	24	30	36	42	48	54
7	7	14	21	28	35	42	49	56	63
8	8	16	24	32	40	48	56	64	72
9	9	18	27	36	45	54	63	72	81

5의 단 곱셈구구는
5씩 뛰어 센 것과 같아.

5의 단 곱셈구구의 값은
일의 자리 수가 항상
0 또는 5야.

$5 \times 1 =$ ☐ 오일은오

$5 \times 2 =$ ☐ 오이십

$5 \times 3 =$ ☐ 오삼십오

$5 \times 4 =$ ☐ 오사이십

$5 \times 5 =$ ☐ 오오이십오

$5 \times 6 =$ ☐ 오육삼십

$5 \times 7 =$ ☐ 오칠삼십오

$5 \times 8 =$ ☐ 오팔사십

$5 \times 9 =$ ☐ 오구사십오

5의 단 곱셈을 하세요.

$5 \times 1 = \boxed{}$ $5 \times 4 = \boxed{}$ $5 \times 7 = \boxed{}$

$5 \times 2 = \boxed{}$ $5 \times 5 = \boxed{}$ $5 \times 8 = \boxed{}$

$5 \times 3 = \boxed{}$ $5 \times 6 = \boxed{}$ $5 \times 9 = \boxed{}$

×	1	2	3
5			

×	3	4	5
5			

×	5	6	7
5			

×	7	8	9
5			

확인학습

1 관계있는 것끼리 선으로 이으세요.

3 ×	
3	15
4	9
5	12

8 ×	
2	40
4	32
5	16

2 5의 단에 나오는 값을 모두 찾아 ◯표 하세요.

| 5의 단 |

1	2	3	4	5	6	7	8	9	10
11	12	13	14	15	16	17	18	19	20
21	22	23	24	25	26	27	28	29	30
31	32	33	34	35	36	37	38	39	40
41	42	43	44	45	46	47	48	49	.

3 곱셈을 하세요.

$3 \times 9 = \boxed{}$ $4 \times 3 = \boxed{}$ $5 \times 5 = \boxed{}$

5주차 2~5의 단 곱셈구구

5의 단 곱셈구구 연습

🐷 5의 단 곱셈구구의 값이 아닌 것을 모두 찾아 ✕표 하세요.

5	✗	10	15	20	✗

45	35	15	24	36	40

9	10	25	40	30	42

🐷 5의 단 곱셈구구의 값을 따라 미로를 통과하세요.

5	10	15	16
12	25	20	26
18	30	32	36
34	35	40	45

🐷 곱셈을 하여 선으로 이으세요.

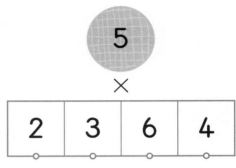

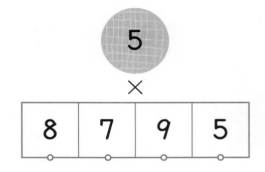

🐷 곱셈을 하세요.

$5 \times 9 =$ ☐ $5 \times 4 =$ ☐ $5 \times 7 =$ ☐

$$\begin{array}{r} 5 \\ \times\ 5 \\ \hline \end{array}$$ ☐

$$\begin{array}{r} 5 \\ \times\ 6 \\ \hline \end{array}$$ ☐

$$\begin{array}{r} 5 \\ \times\ 8 \\ \hline \end{array}$$ ☐

4, 5의 단 곱셈구구

곱셈을 하여 선으로 이으세요.

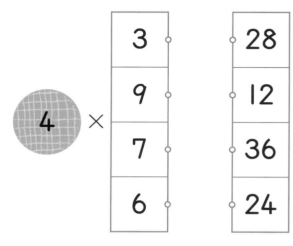

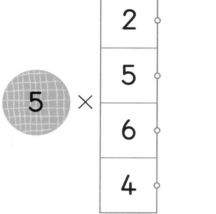
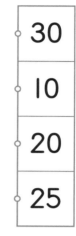

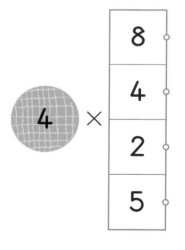

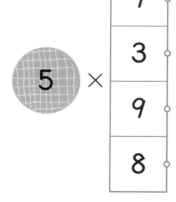

🐷 4와 5의 단 곱셈을 하세요.

$4 \times 7 = \boxed{}$ $4 \times 5 = \boxed{}$ $5 \times 5 = \boxed{}$

$4 \times 8 = \boxed{}$ $5 \times 8 = \boxed{}$ $5 \times 6 = \boxed{}$

$4 \times 4 = \boxed{}$ $5 \times 3 = \boxed{}$ $5 \times 9 = \boxed{}$

×	3	9	8
4			

×	7	5	4
5			

×	2	5	7
4			
5			

×	8	6	9
4			
5			

2~5의 단 곱셈구구 연습 (1)

🐷 각 단의 값을 따라 미로를 통과하세요.

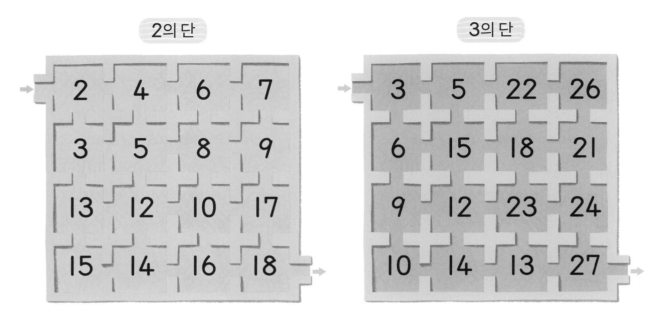

2의 단

2	4	6	7
3	5	8	9
13	12	10	17
15	14	16	18

3의 단

3	5	22	26
6	15	18	21
9	12	23	24
10	14	13	27

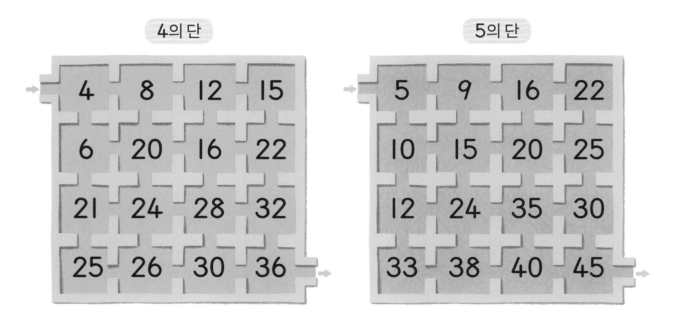

4의 단

4	8	12	15
6	20	16	22
21	24	28	32
25	26	30	36

5의 단

5	9	16	22
10	15	20	25
12	24	35	30
33	38	40	45

각 단의 값이 아닌 것을 모두 찾아 ✕표 하세요.

4의 단

| 12 | ~~14~~ | 20 | ~~34~~ | 16 | 24 |

2의 단

| 3 | 8 | 18 | 15 | 6 | 12 |

3의 단

| 6 | 27 | 12 | 8 | 16 | 15 |

4의 단

| 8 | 28 | 10 | 36 | 16 | 30 |

5의 단

| 35 | 15 | 20 | 40 | 28 | 34 |

2~5의 단 곱셈구구 연습 (2)

관계있는 것끼리 선으로 이으세요.

3×	
2	9
3	6
4	15
5	12

5×	
2	20
3	15
4	10
5	25

8×	
5	16
4	32
3	40
2	24

9×	
5	36
4	45
3	18
2	27

🐭 곱셈을 하세요.

$2 \times 8 =$ ☐ $5 \times 4 =$ ☐ $3 \times 9 =$ ☐

$3 \times 2 =$ ☐ $5 \times 8 =$ ☐ $4 \times 5 =$ ☐

$4 \times 7 =$ ☐ $2 \times 6 =$ ☐ $5 \times 3 =$ ☐

$$\begin{array}{r} 2 \\ \times\ 9 \\ \hline \end{array}$$
$$\begin{array}{r} 5 \\ \times\ 5 \\ \hline \end{array}$$
$$\begin{array}{r} 4 \\ \times\ 4 \\ \hline \end{array}$$

$$\begin{array}{r} 3 \\ \times\ 6 \\ \hline \end{array}$$
$$\begin{array}{r} 4 \\ \times\ 6 \\ \hline \end{array}$$
$$\begin{array}{r} 5 \\ \times\ 7 \\ \hline \end{array}$$

2~5의 단 곱셈구구 연습 (3)

🐷 곱셈을 하여 빈칸에 알맞은 수를 쓰세요.

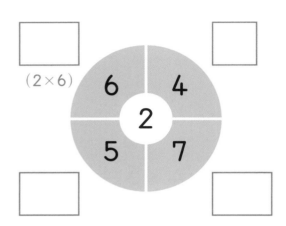

(2×6)

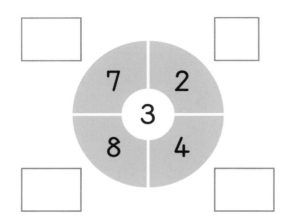

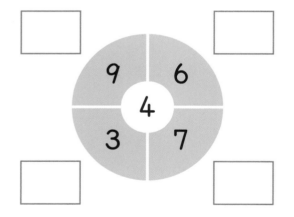

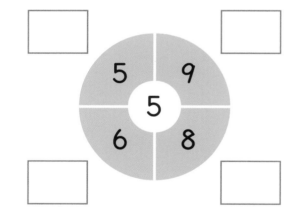

가로, 세로로 곱셈을 하여 빈칸에 알맞은 수를 쓰세요.

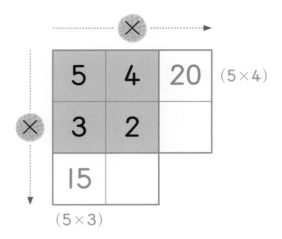

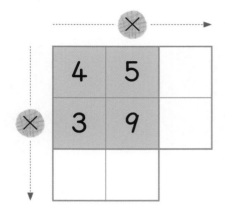

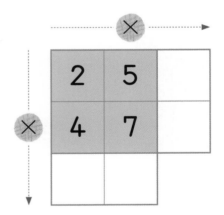

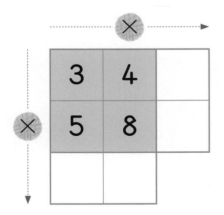

2~5의 단 곱셈구구 연습 (4)

🐷 곱셈을 이용하여 ⭐의 개수를 구하세요.

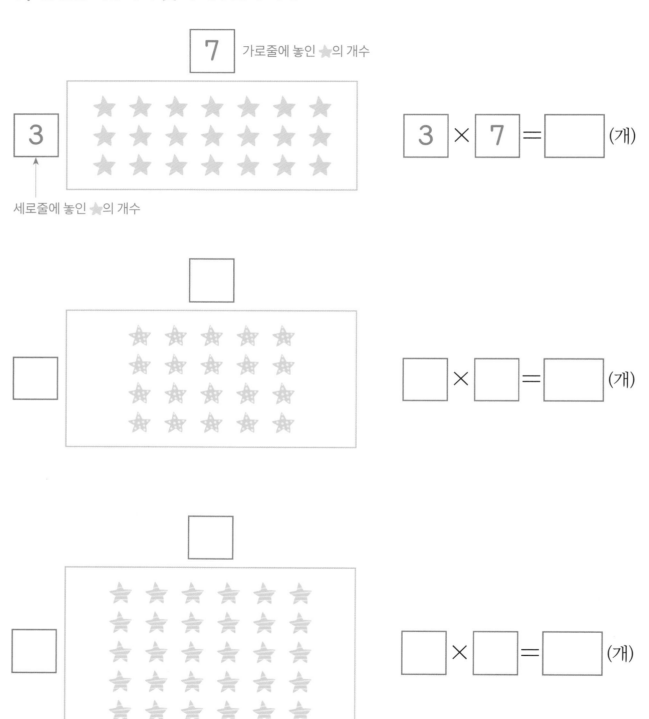

7 가로줄에 놓인 ⭐의 개수

3

세로줄에 놓인 ⭐의 개수

$3 \times 7 = \boxed{}$ (개)

$\boxed{} \times \boxed{} = \boxed{}$ (개)

$\boxed{} \times \boxed{} = \boxed{}$ (개)

곱셈을 이용하여 색칠된 사각형 안의 점의 개수를 구하세요.

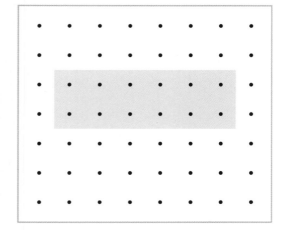

$2 \times 6 = \boxed{}$ (개)

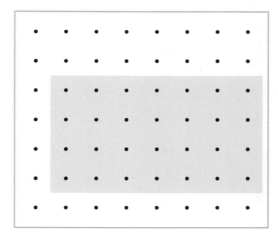

$\boxed{} \times \boxed{} = \boxed{}$ (개)

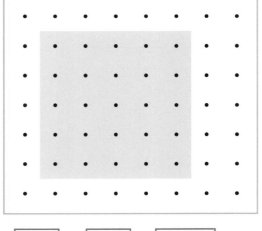

$\boxed{} \times \boxed{} = \boxed{}$ (개)

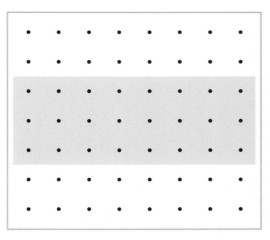

$\boxed{} \times \boxed{} = \boxed{}$ (개)

확인학습

1 5의 단 곱셈구구의 값이 아닌 것을 모두 찾아 ✕표 하세요.

| 25 | 31 | 19 | 20 | 40 | 35 |

2 가로, 세로로 곱셈을 하여 빈칸에 알맞은 수를 쓰세요.

×		
3	4	
5	2	

×		
4	5	
3	6	

3 곱셈을 하세요.

$5 \times 9 =$ ☐ $4 \times 7 =$ ☐ $2 \times 8 =$ ☐

5의 단 곱셈구구

5×1=
5×2=
5×3=
5×4=
5×5=
5×6=
5×7=
5×8=
5×9=

4의 단 곱셈구구

4×1=
4×2=
4×3=
4×4=
4×5=
4×6=
4×7=
4×8=
4×9=

3의 단 곱셈구구

3×1=
3×2=
3×3=
3×4=
3×5=
3×6=
3×7=
3×8=
3×9=

2의 단 곱셈구구

2×1=
2×2=
2×3=
2×4=
2×5=
2×6=
2×7=
2×8=
2×9=

5의 단 곱셈구구

5×1=
5×2=
5×3=
5×4=
5×5=
5×6=
5×7=
5×8=
5×9=

4의 단 곱셈구구

4×1=
4×2=
4×3=
4×4=
4×5=
4×6=
4×7=
4×8=
4×9=

3의 단 곱셈구구

3×1=
3×2=
3×3=
3×4=
3×5=
3×6=
3×7=
3×8=
3×9=

2의 단 곱셈구구

2×1=
2×2=
2×3=
2×4=
2×5=
2×6=
2×7=
2×8=
2×9=

지오플릭 교구 시리즈

지오플릭은?

누리 과정부터 초등, 중등에 이르기까지 입체로 만들어 볼 수 있는 대부분의 입체도형과 전개도 활동까지 할 수 있는 최고의 도형교구입니다.

특 징

- '폴리카보네이트'를 사용하여 가볍고 탄력적이며 잘 부러지지 않아 안전합니다.
- 반영구적인 사용이 가능하여 경제적이고, 결합과 분해가 자유로워 편리합니다.
- 창의력을 발휘하여 다양한 입체구조물을 만들 수 있습니다.

지오플릭 New 베이직세트

- 정다면체, 각기둥, 각뿔, 원기둥, 원뿔, 구, 델타 다면체, 아르키메데스의 다면체, 존슨다면체(일부) 등을 만들 수 있습니다.
- 구성물 피스(PCS)를 확충하여 다양한 입체 활동이 가능합니다.
- 120여 가지의 활용례를 담은 가이드북을 제공하여 재미있게 학습할 수 있습니다.

New 지오플릭 입체도형 세트

관찰할 수 있는 다양한 입체 블록을 보고 지오플릭으로 입체도형을 만들어 보고, 각 입체도형의 성질을 탐구합니다.

New 지오플릭 기둥과 뿔 세트

입체도형에서 가장 기초가 되는 직육면체의 성질을 탐구하고 기둥과 뿔을 입체로 나타내고 각각의 전개도 활동을 할 수 있습니다. 주사위 칠점 원리와 점, 선, 면의 개수를 알아보는 오일러 정리를 학습합니다.

New 지오플릭 정다면체 세트

입체의 단면과 회전체를 탐구하고 테셀레이션과 정다면체, 아르키메데스의 다면체를 학습합니다.

New 지오플릭 창의 세트

창의적으로 상상할 수 있는 다양한 모양을 만들어 보며 공간감을 키우고, 복잡한 사물을 단순화시켜 부분을 먼저 만들고 연결하여 전체 입체물을 만들어 봅니다.

예비 초등 수학

구구단

정답

지식과 상상

1

예비 초등 ⋮ 구구단

1단원

정답

정답

1주차 1, 2의 단 곱셈구구

1일차 20까지의 수

세어 보고 □ 안에 알맞은 수를 쓰세요.

20까지의 수를 바르게 읽은 것을 찾아 선으로 이으세요.

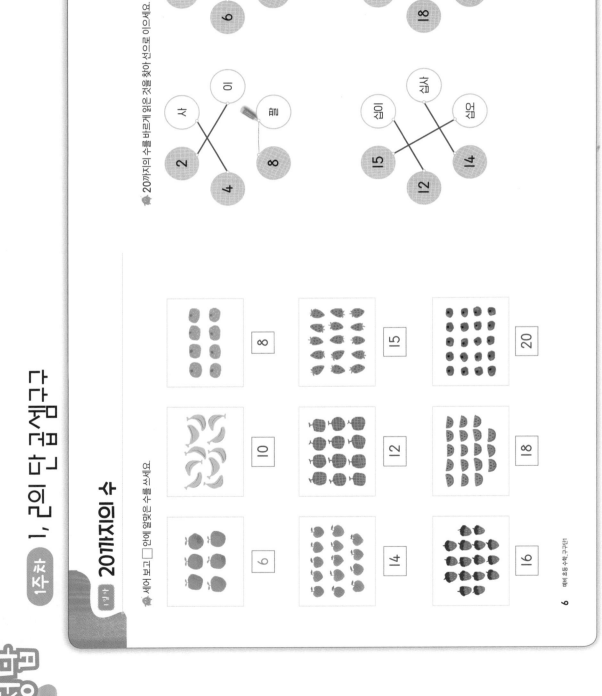

2씩 뛰어 세기

🐰 2씩 뛰어 세었습니다. ☐ 안에 알맞은 수를 쓰세요.

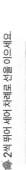

2 → 4 → 6 → 8 → 10

6 → 8 → 10 → 12 → 14

10 → 12 → 14 → 16 → 18

4 → 6 → 8 → 10 → 12

8 → 10 → 12 → 14 → 16

🐰 2씩 뛰어 세어 차례로 선을 이으세요.

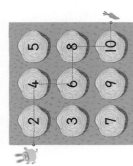

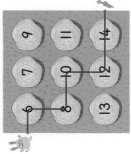

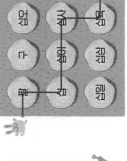

3일차 2씩 묶어 세기

🐘 2씩 묶어 세어 보세요.

2 - 4 - 6 - 8 - 10

2 - 4 - 6

2 - 4 - 6 - 8 - 10 - 12

2 - 4 - 6 - 8 - 10 - 12 - 14 - 16

🐘 2씩 묶어 세었습니다. 몇 묶음 몇 개입니까?

2씩 4 묶음, 모두 8 개

2씩 2 묶음, 모두 4 개

2씩 5 묶음, 모두 10 개

2씩 8 묶음, 모두 16 개

2씩 9 묶음, 모두 18 개

덧셈식과 곱셈식

그림을 보고, 덧셈과 곱셈을 하세요.

2를 4번 더하는 것을 2×4 (2곱하기4)로 약속해.

덧셈식 2+2+2+2 = 8
곱셈식 2×4 = 8

덧셈식 2+2+2 = 6
곱셈식 2×3 = 6

덧셈식 2+2+2+2+2+2 = 12
곱셈식 2×6 = 12

덧셈식을 곱셈식으로 나타낸 것입니다. □안에 알맞은 수를 쓰세요.

2+2+2+2+2 = 10
2×5 = 10

2+2+2+2 = 8
2×4 = 8

2+2+2+2+2+2+2 = 14
2×7 = 14

2+2+2+2 = 8
2×4 = 8

2+2+2+2 = 6
2×3 = 6

2+2+2+2+2+2+2+2+2 = 18
2×9 = 18

2+2+2+2+2+2+2+2+2 = 18
2×9 = 18

2+2+2+2+2+2+2+2 = 16
2×8 = 16

2+2+2+2+2+2+2+2 = 16
2×8 = 16

STEP 5 1의 단 곱셈구구

구구단을 완성해 보세요.

×	1	2	3	4	5	6	7	8	9
1	1	2	3	4	5	6	7	8	9
2	2	4	6	8	10	12	14	16	18
3	3	6	9	12	15	18	21	24	27
4	4	8	12	16	20	24	28	32	36
5	5	10	15	20	25	30	35	40	45
6	6	12	18	24	30	36	42	48	54
7	7	14	21	28	35	42	49	56	63
8	8	16	24	32	40	48	56	64	72
9	9	18	27	36	45	54	63	72	81

1에 어떤 수를 곱하면
항상 그 수가 되어요.
또, 어떤 수에 1을
곱해도 그 수가 돼요.

1의 단은 가로 줄(행)이나
세로 줄(열)에서 그 수와
항상 똑같아요.

열의 표를 곱셈표라고 해.

가로줄과 세로줄을 비교해
보면 똑같은 수가 나와.

1×1=1
1×2=2
1×3=3

1×4=4
1×5=5
1×6=6

1×7=7
1×8=8
1×9=9

14 예비 초등 수학_구구단

빈칸을 채워 보세요.

1×3=3
1×7=7
1×4=4

1×9=9
2×1=2
1×6=6

5×1=5
6×1=6
8×1=8

×	2	3	4
1	2	3	4

(1×2)

×	1	6	7
1	6	7	

×	7	8	9
1	7	8	9

×	1	4	5
4	4	5	

(4×1)

×	1	8	9
8	8	9	

1주차. 1, 2의 단 곱셈구구   15

단원 2의 단 곱셈구구

2의 단 곱셈구구를 알아봅시다.

×	1	2	3	4	5	6	7	8	9
1	1	2	3	4	5	6	7	8	9
2	2	4	6	8	10	12	14	16	18
3	3	6	9	12	15	18	21	24	27
4	4	8	12	16	20	24	28	32	36
5	5	10	15	20	25	30	35	40	45
6	6	12	18	24	30	36	42	48	54
7	7	14	21	28	35	42	49	56	63
8	8	16	24	32	40	48	56	64	72
9	9	18	27	36	45	54	63	72	81

초록색으로 색칠된 부분이 2의 단 곱셈구구야.

2의 단 곱셈구구는 2씩 뛰어 세는 것과 같아.

$2 \times 1 = 2$ 이일은이

$2 \times 2 = 4$ 이이는사

$2 \times 3 = 6$ 이삼은육

$2 \times 4 = 8$ 이사는팔

$2 \times 5 = 10$ 이오는십

$2 \times 6 = 12$ 이육십이

$2 \times 7 = 14$ 이칠십사

$2 \times 8 = 16$ 이팔십육

$2 \times 9 = 18$ 이구십팔

2의 단 곱셈을 하세요.

$2 \times 1 = 2$ $2 \times 4 = 8$ $2 \times 7 = 14$

$2 \times 2 = 4$ $2 \times 5 = 10$ $2 \times 8 = 16$

$2 \times 3 = 6$ $2 \times 6 = 12$ $2 \times 9 = 18$

×	1	2	3
2	2	4	6

×	3	4	5
2	6	8	10

×	5	6	7
2	10	12	14

×	7	8	9
2	14	16	18

확인하기

1 세어 보고 □ 안에 알맞은 수를 쓰세요.

12   10   16

2 그림을 보고 덧셈과 곱셈을 하세요.

덧셈 2+2+2+2+2= 10

곱셈 2×5= 10

3 곱셈을 하세요.

1×7= 7

2×1= 2

2×9= 18

2주차 3의 단 곱셈구구

1일차 2의 단 곱셈구구 연습

🍂 2의 단 곱셈구구의 값을 따라 미로를 통과하세요.

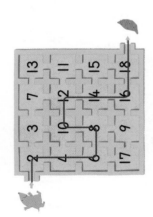

🍂 2의 단 곱셈구구의 값을 따라 지나는 길을 선으로 나타내세요.

2×7	12	2×4	7	2×5	10	2×8
	14		8		12	

18
6

2×3	6	2×6	10	2×9	18	2×2
	8		12		19	

4
3

🍂 곱셈을 하여 알맞게 선을 이으세요.

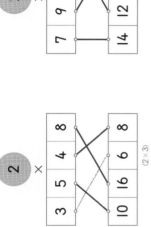

× 2

(2×3)

🍂 곱셈을 하세요.

2×4= 8   2×5= 10   2×9= 18

$$2 \times 8 = 16$$
$$\begin{array}{r} 2 \\ \times\ 3 \\ \hline 6 \end{array}$$
$$\begin{array}{r} 2 \\ \times\ 6 \\ \hline 1\ 2 \end{array}$$

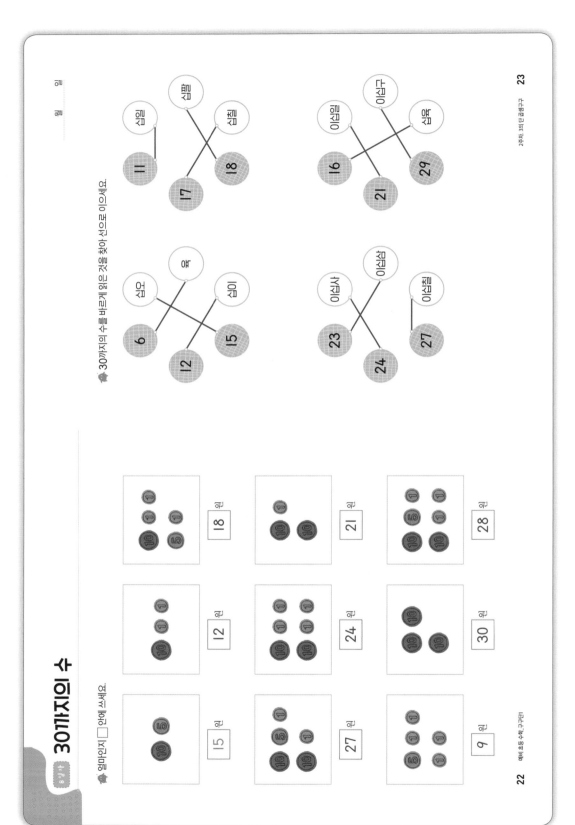

9일차 3씩 뛰어 세기

🐟 3씩 뛰어 세어 □ 안에 알맞은 수를 쓰세요.

1	2	3	4	5	6	7	8	9	10
11	12	13	14	15	16	17	18	19	20
21	22	23	24	25	26	27	28	29	30

3 — 6 — 9 — [12]

15 — 18 — 21 — [24]

9 — [12] — 15 — 18

12 — [15] — 18 — 21

9 — 12 — 15 — [18]

18 — 21 — 24 — [27]

15 — [18] — 21 — 24

6 — [9] — 12 — 15

🐟 3씩 뛰어 세어 차례로 선을 이으세요.

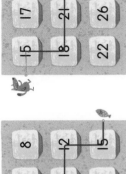

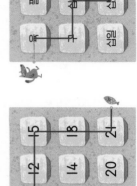

예비 초등 수학_구구단 **11** 정답

3 더하기

○를 3개 더 그리고 총 개수를 쓰세요.

 15 →(+3) 18

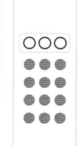 12 →(+3) 15

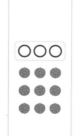 9 →(+3) 12

 18 →(+3) 21

 24 →(+3) 27

3을 더하세요.

$3+3=6$ 　 $12+3=15$ 　 $21+3=24$

$6+3=9$ 　 $15+3=18$ 　 $24+3=27$

$9+3=12$ 　 $18+3=21$

6 →(+3) 9 (6+3) →(+3) 12

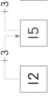

21 →(+3) 24 →(+3) 27

12 →(+3) 15 →(+3) 18

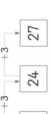

15 →(+3) 18 →(+3) 21

3의 단 곱셈구구

3의 단 곱셈구구를 알아봅시다.

×	1	2	3	4	5	6	7	8	9
1	1	2	3	4	5	6	7	8	9
2	2	4	6	8	10	12	14	16	18
3	3	6	9	12	15	18	21	24	27
4	4	8	12	16	20	24	28	32	36
5	5	10	15	20	25	30	35	40	45
6	6	12	18	24	30	36	42	48	54
7	7	14	21	28	35	42	49	56	63
8	8	16	24	32	40	48	56	64	72
9	9	18	27	36	45	54	63	72	81

3의 단 곱셈구구도 3씩 뛰어 센 것과 같아.

3을 똑같이 색칠한 부분이 3의 단 곱셈구구야.

삼일은삼 $3 \times 1 = 3$ 　삼사십이 $3 \times 4 = 12$ 　삼칠이십일 $3 \times 7 = 21$

삼이는육 $3 \times 2 = 6$ 　삼오십오 $3 \times 5 = 15$ 　삼팔이십사 $3 \times 8 = 24$

삼삼은구 $3 \times 3 = 9$ 　삼육십팔 $3 \times 6 = 18$ 　삼구이십칠 $3 \times 9 = 27$

3의 단 곱셈을 하세요.

$3 \times 1 = 3$ 　$3 \times 4 = 12$ 　$3 \times 7 = 21$

$3 \times 2 = 6$ 　$3 \times 5 = 15$ 　$3 \times 8 = 24$

$3 \times 3 = 9$ 　$3 \times 6 = 18$ 　$3 \times 9 = 27$

×	1	2	3
3	3	6	9

×	3	4	5
3	9	12	15

×	5	6	7
3	15	18	21

×	7	8	9
3	21	24	27

월　일

12단계 3의 단 곱셈구구 연습

🐷 3의 단의 값이 아닌 것을 모두 찾아 ×표 하세요.

| 6 | 8̸ | 10̸ | 12 | 15 | 18 |

| 3 | 5̸ | 9 | 8̸ | 21 | 24 |

| 15 | 27 | 21 | 22̸ | 8̸ | 12 |

🐷 3의 단 곱셈구구의 값을 따라 미로를 통과하세요.

🐷 곱셈을 하여 알맞게 선으로 이으세요.

×3

| 4 | 7 | 9 | 8 |
| 21 | 12 | 24 | 27 |

×3

| 5 | 2 | 6 | 3 |
| 15 | 18 | 9 | 6 |

🐷 곱셈을 하세요.

$3 \times 5 = 15$ $3 \times 9 = 27$ $3 \times 7 = 21$

$$\begin{array}{r} 3 \\ \times\ 8 \\ \hline 2\ 4 \end{array}$$

$$\begin{array}{r} 3 \\ \times\ 6 \\ \hline 1\ 8 \end{array}$$

$$\begin{array}{r} 3 \\ \times\ 4 \\ \hline 1\ 2 \end{array}$$

확인학습

1 얼마인지 ☐ 안에 쓰세요.

12 원

18 원

24 원

2 3씩 뛰어 세어 ☐ 안에 알맞은 수를 쓰세요.

6 — 9 — 12 — 15

18 — 21 — 24 — 27

3 곱셈을 하세요.

2 × 7 = 14

3 × 5 = 15

3 × 8 = 24

4일차 13일 2, 3의 단 곱셈구구 연습

곱셈을 하여 알맞게 선을 이으세요.

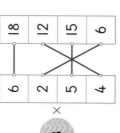

(2×5)

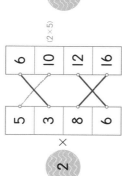

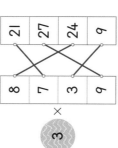

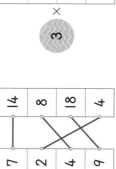

2와 3의 단 곱셈을 하세요.

2×3=6   2×8=16   3×6=18

2×7=14   3×3=9   3×5=15

2×6=12   3×7=21   3×9=27

×	4	8	5
2	8	16	10

×	3	7	4
3	9	21	12

×	5	6	2
2	10	12	4
3	15	18	6

×	3	9	7
2	6	18	14
3	9	27	21

50까지의 수
14권 수

엄마인지 □ 안에 쓰세요.

16 원	24 원	28 원
32 원	36 원	35 원
40 원	45 원	50 원

50까지의 수를 바르게 읽은 것을 찾아 선으로 이으세요.

이십오	25
사십	15
오십	40

삼십이	24
이십사	36
삼십육	32

사십오	45
삼십	35
삼십오	30

이십팔	12
십육	16
십이	28

4씩 뛰어 세기

15일차

🐷 4씩 뛰어 세어 □ 안에 알맞은 수를 쓰세요.

1	2	3	4	5	6	7	8	9	10
11	12	13	14	15	16	17	18	19	20
21	22	23	24	25	26	27	28	29	30
31	32	33	34	35	36	37	38	39	40

4 — 8 — 12 — [16]   12 — 16 — 20 — [24]

20 — 24 — 28 — [32]   24 — 28 — 32 — [36]

12 — 16 — [20] — 24   20 — 24 — [28] — 32

16 — 20 — [24] — 28   8 — 12 — [16] — 20

🐷 4씩 뛰어 세어 차례로 선을 이으세요.

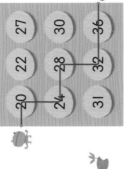

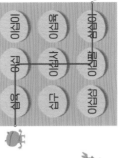

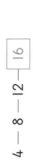

일 19 | 4 더하기

🐷 ○를 4개 더 그리고 총 개수를 쓰세요.

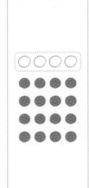

16 →+4→ 20

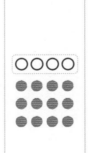

12 →+4→ 16

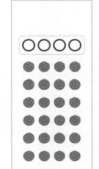

24 →+4→ 28

32 →+4→ 36

🐷 4를 더하세요.

4+4= 8	16+4= 20	28+4= 32
8+4= 12	20+4= 24	32+4= 36
12+4= 16	24+4= 28	

16 →+4→ 20 →+4→ 24

20 →+4→ 24 →+4→ 28

8 →+4→ 12 →+4→ 16

28 →+4→ 32 →+4→ 36

4의 단 곱셈구구

넷째 날

4의 단 곱셈구구를 알아봐요!

×	1	2	3	4	5	6	7	8	9
1	1	2	3	4	5	6	7	8	9
2	2	4	6	8	10	12	14	16	18
3	3	6	9	12	15	18	21	24	27
4	4	8	12	16	20	24	28	32	36
5	5	10	15	20	25	30	35	40	45
6	6	12	18	24	30	36	42	48	54
7	7	14	21	28	35	42	49	56	63
8	8	16	24	32	40	48	56	64	72
9	9	18	27	36	45	54	63	72	81

4의 단은 한 번씩 뛸 때마다 4씩 커지는 규칙이 있어.

2의 단 곱셈구구의 값과 곱하는 수는 ~ 많아.

$4 \times 1 = 4$ 사일은사	$4 \times 4 = 16$ 사사십육	$4 \times 7 = 28$ 사칠이십팔
$4 \times 2 = 8$ 사이팔	$4 \times 5 = 20$ 사오이십	$4 \times 8 = 32$ 사팔삼십이
$4 \times 3 = 12$ 사삼십이	$4 \times 6 = 24$ 사육이십사	$4 \times 9 = 36$ 사구삼십육

4의 단 곱셈을 하세요.

$4 \times 1 = 4$	$4 \times 4 = 16$	$4 \times 7 = 28$
$4 \times 2 = 8$	$4 \times 5 = 20$	$4 \times 8 = 32$
$4 \times 3 = 12$	$4 \times 6 = 24$	$4 \times 9 = 36$

×	1	2	3
4	4	8	12

×	3	4	5
4	12	16	20

×	5	6	7
4	20	24	28

×	7	8	9
4	28	32	36

월 일

4의 단 곱셈구구 연습

연습 18차

4의 단 곱셈구구의 값이 아닌 것을 모두 찾아 ×표 하세요.

4	✗	12	16	✗	24
✗	32	28	✗	20	8
36	24	✗	12	16	✗

4의 단 곱셈구구의 값을 따라 미로를 통과하세요.

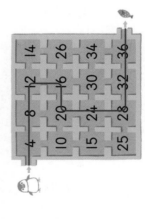

14	12		
26	16	8	4
34	30	24	20	10
36	32	28	25	15

곱셈을 하여 알맞게 선을 이으세요.

 × 4

4	3	6	2
16	24	8	12

 × 4

5	9	7	8
36	20	32	28

곱셈을 하세요.

$4 \times 8 = 32$ $4 \times 4 = 16$ $4 \times 9 = 36$

$\begin{array}{r} 4 \\ \times\ 3 \\ \hline 1\ 2 \end{array}$ $\begin{array}{r} 4 \\ \times\ 5 \\ \hline 2\ 0 \end{array}$ $\begin{array}{r} 4 \\ \times\ 6 \\ \hline 2\ 4 \end{array}$

월 일

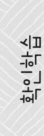

확인 학습

1 얼마인지 □ 안에 쓰세요.

32 원

36 원

45 원

2 4의 단 곱셈구구의 값이 아닌 것을 모두 찾아 ×표 하세요.

~~34~~   12   8   32   ~~18~~   24

3 곱셈을 하세요.

$2 \times 9 = 18$

$3 \times 7 = 21$

$4 \times 7 = 28$

19일차 2, 4의 단 곱셈구구 연습

곱셈을 하여 빈칸에 알맞은 수를 쓰세요.

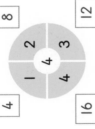

곱셈을 하세요.

2 × 2 = 4	2 × 4 = 8
4 × 1 = 4	4 × 2 = 8
2 × 6 = 12	2 × 8 = 16
4 × 3 = 12	4 × 4 = 16

곱셈구구의 값을 따라 지나는 길을 선으로 나타내세요.

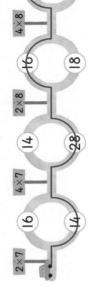

3, 4의 단 곱셈구구 연습

곱셈을 하여 알맞게 선을 이으세요.

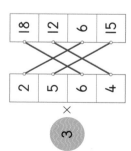

3과 4의 단 곱셈을 하세요.

3×5=15	3×4=12	4×4=16
3×8=24	4×7=28	4×9=36
3×7=21	4×5=20	4×6=24

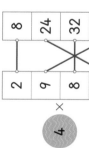

2~4의 단 곱셈구구 연습

🐷 각 단에 나오는 값을 모두 찾아 ○표 하세요.

2의 단

(2)	3	(4)	5	(6)	7	(8)	9	
(10)	11	(12)	13	(14)	15	(16)	17	(18)

3의 단

1	2	(3)	4	5	(6)	7	8	(9)
10	11	(12)	13	14	(15)	16	17	(18)
19	20	(21)	22	23	(24)	25	26	(27)

4의 단

1	2	3	(4)	5	6	7	(8)	9
10	11	(12)	13	14	15	(16)	17	18
19	(20)	21	22	23	(24)	25	26	27
(28)	29	30	31	(32)	33	34	35	(36)

🐷 2, 3, 4의 단 곱셈을 하세요.

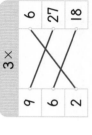

$2 \times 7 = 14$ $4 \times 5 = 20$ $3 \times 8 = 24$

$3 \times 6 = 18$ $2 \times 9 = 18$ $4 \times 9 = 36$

🐷 곱셈을 하여 알맞게 선을 이으세요.

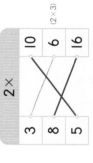

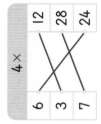

22일 차

5씩 뛰어 세기

월 일

5씩 뛰어 세어 □ 안에 알맞은 수를 쓰세요.

1	2	3	4	5	6	7	8	9	10
11	12	13	14	15	16	17	18	19	20
21	22	23	24	25	26	27	28	29	30
31	32	33	34	35	36	37	38	39	40
41	42	43	44	45	46	47	48	49	50

5 — 10 — 15 — [20]

15 — 20 — 25 — [30]

20 — 25 — 30 — [35]

30 — 35 — 40 — [45]

10 — 15 — [20] — 25

25 — 30 — [35] — 40

30 — 35 — [40] — 45

5 — 10 — [15] — 20

5씩 뛰어 세어 차례로 선을 이으세요.

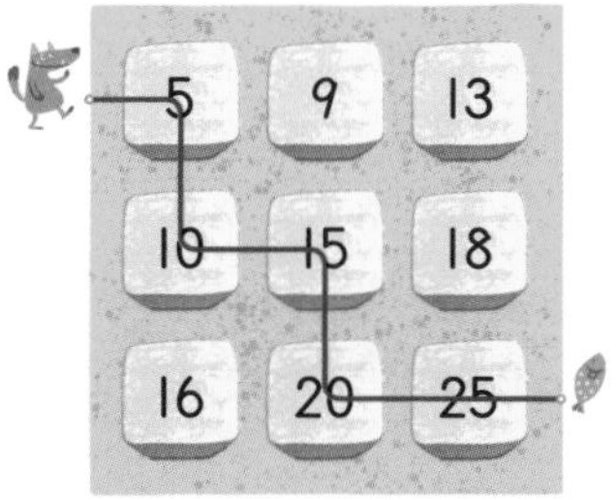

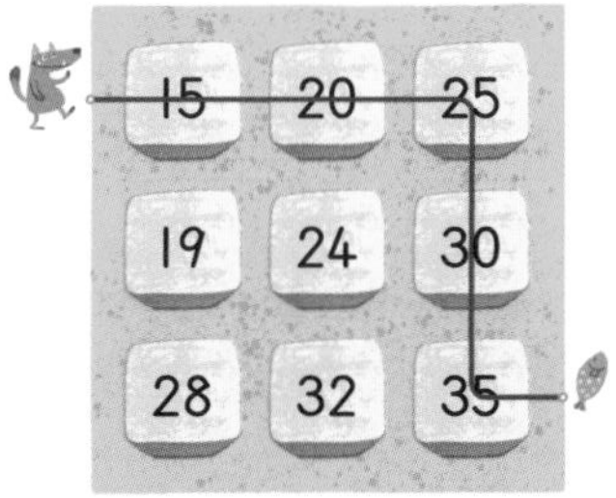

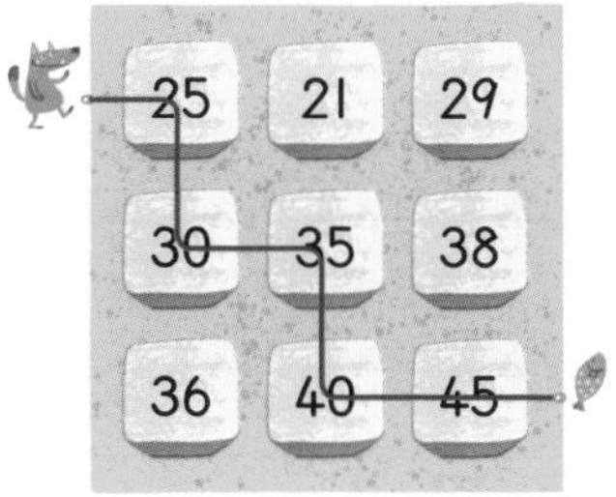

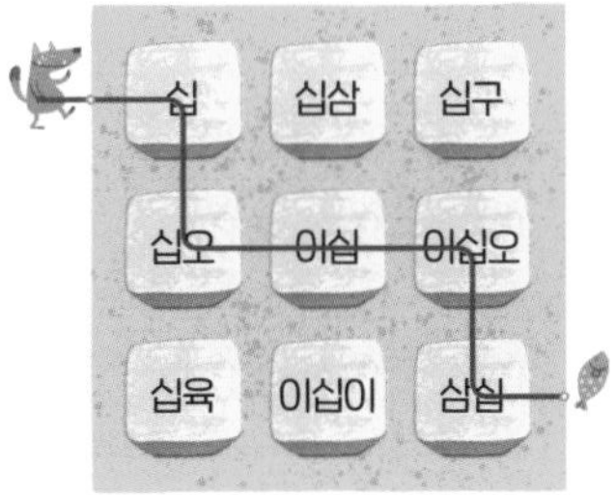

23일차 5 더하기

🐷 ○를 5개 더 그리고 총 개수를 쓰세요.

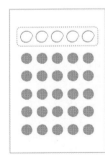

25 $\xrightarrow{+5}$ 30

15 $\xrightarrow{+5}$ 20

20 $\xrightarrow{+5}$ 25

30 $\xrightarrow{+5}$ 35

🐷 5를 더하세요.

5+5= 10	20+5= 25	35+5= 40
10+5= 15	25+5= 30	40+5= 45
15+5= 20	30+5= 35	

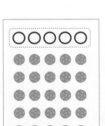
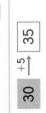
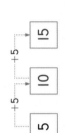
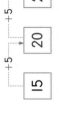
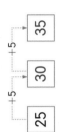

5 $\xrightarrow{+5}$ 10 $\xrightarrow{+5}$ 15

15 $\xrightarrow{+5}$ 20 $\xrightarrow{+5}$ 25

25 $\xrightarrow{+5}$ 30 $\xrightarrow{+5}$ 35

35 $\xrightarrow{+5}$ 40 $\xrightarrow{+5}$ 45

5의 단 곱셈구구

24강차

🐷 5의 단 곱셈구구를 알아봅시다.

×	1	2	3	4	5	6	7	8	9
1	1	2	3	4	5	6	7	8	9
2	2	4	6	8	10	12	14	16	18
3	3	6	9	12	15	18	21	24	27
4	4	8	12	16	20	24	28	32	36
5	5	10	15	20	25	30	35	40	45
6	6	12	18	24	30	36	42	48	54
7	7	14	21	28	35	42	49	56	63
8	8	16	24	32	40	48	56	64	72
9	9	18	27	36	45	54	63	72	81

5의 단 곱셈구구는
5씩 뛰어 세기 값과 같아.

5의 단 곱셈구구의 값은
일의 자리 수가 항상
0 또는 5야.

5 × 1 = 5

5 × 2 = 10

5 × 3 = 15

5 × 4 = 20

5 × 5 = 25

5 × 6 = 30

5 × 7 = 35

5 × 8 = 40

5 × 9 = 45

58   예비 초등 수학_구구단

🐷 5의 단 곱셈을 하세요.

5 × 1 = 5

5 × 2 = 10

5 × 3 = 15

5 × 4 = 20

5 × 5 = 25

5 × 6 = 30

5 × 7 = 35

5 × 8 = 40

5 × 9 = 45

×	1	2	3
5	5	10	15

×	3	4	5
5	15	20	25

×	5	6	7
5	25	30	35

×	7	8	9
5	35	40	45

4주차. 5의 단 곱셈구구   59

확인학습

1 관계있는 것끼리 선으로 이으세요.

3×	
3	15
4	9
5	12

8×	
2	40
4	32
5	16

2 5의 단에 나오는 값을 모두 찾아 ○표 하세요.

5의 단

1	2	3	4	⑤	6	7	8	9	⑩
11	12	13	14	⑮	16	17	18	19	⑳
21	22	23	24	㉕	26	27	28	29	㉚
31	32	33	34	㉟	36	37	38	39	㊵
41	42	43	44	㊺	46	47	48	49	·

3 곱셈을 하세요.

$3 \times 9 = \boxed{27}$

$4 \times 3 = \boxed{12}$

$5 \times 5 = \boxed{25}$

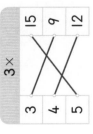

정답

5주차 2~5의 곱셈구구

25일차 5의 단 곱셈구구 연습

5의 단 곱셈구구의 값이 아닌 것을 모두 찾아 ×표 하세요.

5	8̶	10	15	20	2̶2̶
45	35	15	3̶4̶	3̶6̶	40
9̶	10	25	40	30	4̶4̶

5의 단 곱셈구구의 값을 따라 미로를 통과하세요.

5	10	15	16
12	25	20	26
18	30	32	36
34	35	40	45

곱셈을 하여 선으로 이으세요.

5 ×
2	3	6	4
15	10	20	30

5 ×
8	7	9	5
45	35	40	25

곱셈을 하세요.

$5 \times 9 = 45$　　$5 \times 4 = 20$　　$5 \times 7 = 35$

$\begin{array}{r} 5 \\ \times 5 \\ \hline 2\ 5 \end{array}$　　$\begin{array}{r} 5 \\ \times 6 \\ \hline 3\ 0 \end{array}$　　$\begin{array}{r} 5 \\ \times 8 \\ \hline 4\ 0 \end{array}$

월　일

62　예비 초등 수학_구구단1

5주차. 2~5의 단 곱셈구구　63

예비 초등 수학_구구단 **30** 정답

4주차 4, 5의 단 곱셈구구

🐢 곱셈을 하여 선으로 이으세요.

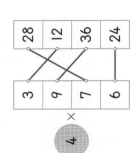

🐢 4와 5의 단 곱셈을 하세요.

4 × 7 = 28	4 × 5 = 20	5 × 5 = 25
4 × 8 = 32	5 × 8 = 40	5 × 6 = 30
4 × 4 = 16	5 × 3 = 15	5 × 9 = 45

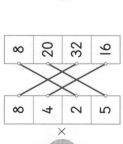

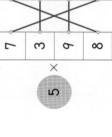

×	3	9	8
4	12	36	32

×	2	5	7
4	8	20	28
5	10	25	35

×	7	5	4
5	35	25	20

×	8	6	9
4	32	24	36
5	40	30	45

2~5의 단 곱셈구구 연습 (1)

27강

각 단의 값을 따라 미로를 통과하세요.

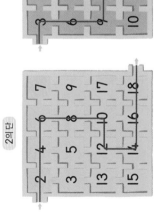

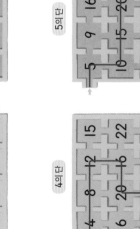

각 단의 값이 아닌 것을 모두 찾아 ✕표 하세요.

4의 단					
12	14̸	20	34̸	16	24

2의 단					
4̸	8	18	34̸	6	12

3의 단					
6	27	12	28̸	6	15

4의 단				
8	28	36	16	30̸

5의 단					
35	15	20	40	28̸	34̸

26일차 2~5의 단 곱셈구구 연습 (2)

관계있는 것끼리 선으로 이으세요.

3×
2 — 9
3 — 6
4 — 15
5 — 12

5×
2 — 20
3 — 15
4 — 10
5 — 25

8×
5 — 16
4 — 32
3 — 40
2 — 24

9×
5 — 36
4 — 45
3 — 18
2 — 27

곱셈을 하세요.

$2 \times 8 = 16$ $5 \times 4 = 20$ $3 \times 9 = 27$

$3 \times 2 = 6$ $5 \times 8 = 40$ $4 \times 5 = 20$

$4 \times 7 = 28$ $2 \times 6 = 12$ $5 \times 3 = 15$

$$\begin{array}{r} 2 \\ \times 9 \\ \hline 1\ 8 \end{array} \qquad \begin{array}{r} 5 \\ \times 5 \\ \hline 2\ 5 \end{array} \qquad \begin{array}{r} 4 \\ \times 4 \\ \hline 1\ 6 \end{array}$$

$$\begin{array}{r} 3 \\ \times 6 \\ \hline 1\ 8 \end{array} \qquad \begin{array}{r} 4 \\ \times 6 \\ \hline 2\ 4 \end{array} \qquad \begin{array}{r} 5 \\ \times 7 \\ \hline 3\ 5 \end{array}$$

2~5의 단 곱셈구구 연습 (3)

29일

곱셈을 하여 빈칸에 알맞은 수를 쓰세요.

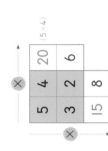

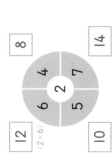

가로, 세로로 곱셈을 하여 빈칸에 알맞은 수를 쓰세요.

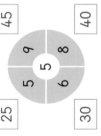

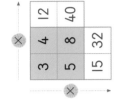

2~5의 단 곱셈구구 연습 (4)

30강

곱셈을 이용하여 ⭐의 개수를 구하세요.

세로줄에 놓인 ⭐의 개수 → 3

가로줄에 놓인 ⭐의 개수 → 7

$3 \times 7 = 21$ (개)

$4 \times 5 = 20$ (개)

$5 \times 6 = 30$ (개)

곱셈을 이용하여 색칠된 사각형 안의 점의 개수를 구하세요.

$2 \times 6 = 12$ (개)

$4 \times 7 = 28$ (개)

$5 \times 5 = 25$ (개)

$3 \times 8 = 24$ (개)

학습확인

1 5의 단 곱셈구구의 값이 아닌 것을 모두 찾아 ×표 하세요.

| 25 | ✗ | ✗ | 20 | 40 | 35 |

2 가로, 세로로 곱셈을 하여 빈칸에 알맞은 수를 쓰세요.

×	3	4	12
	5	2	10
	15	8	

×	4	5	20
	3	6	18
	12	30	

3 곱셈을 하세요.

$5 \times 9 = 45$ $4 \times 7 = 28$

$2 \times 8 = 16$

74 예비 초등 수학_구구단

2의 단 곱셈구구

$2 \times 1 = 2$
$2 \times 2 = 4$
$2 \times 3 = 6$
$2 \times 4 = 8$
$2 \times 5 = 10$
$2 \times 6 = 12$
$2 \times 7 = 14$
$2 \times 8 = 16$
$2 \times 9 = 18$

3의 단 곱셈구구

$3 \times 1 = 3$
$3 \times 2 = 6$
$3 \times 3 = 9$
$3 \times 4 = 12$
$3 \times 5 = 15$
$3 \times 6 = 18$
$3 \times 7 = 21$
$3 \times 8 = 24$
$3 \times 9 = 27$

4의 단 곱셈구구

$4 \times 1 = 4$
$4 \times 2 = 8$
$4 \times 3 = 12$
$4 \times 4 = 16$
$4 \times 5 = 20$
$4 \times 6 = 24$
$4 \times 7 = 28$
$4 \times 8 = 32$
$4 \times 9 = 36$

5의 단 곱셈구구

$5 \times 1 = 5$
$5 \times 2 = 10$
$5 \times 3 = 15$
$5 \times 4 = 20$
$5 \times 5 = 25$
$5 \times 6 = 30$
$5 \times 7 = 35$
$5 \times 8 = 40$
$5 \times 9 = 45$

2의 단 곱셈구구	3의 단 곱셈구구	4의 단 곱셈구구	5의 단 곱셈구구
2×1=2	3×1=3	4×1=4	5×1=5
2×2=4	3×2=6	4×2=8	5×2=10
2×3=6	3×3=9	4×3=12	5×3=15
2×4=8	3×4=12	4×4=16	5×4=20
2×5=10	3×5=15	4×5=20	5×5=25
2×6=12	3×6=18	4×6=24	5×6=30
2×7=14	3×7=21	4×7=28	5×7=35
2×8=16	3×8=24	4×8=32	5×8=40
2×9=18	3×9=27	4×9=36	5×9=45

" Toddlers want to learn about what,
and I think they want to learn right now. "
– Glenn Doman

어린 아이는 무엇에 대해서 배우고 싶어하며,
바로 지금 배우고 싶다고 생각한다.

- 인간능력개발연구소 소장, 글랜 도만 -